# 建筑形式的逻辑概念

〔德〕托马斯·史密特　著

肖毅强　译

北京科学技术出版社

著作权合同登记号　图字：01-2017-8501

**图书在版编目（CIP）数据**

建筑形式的逻辑概念 /（德）托马斯·史密特著；肖毅强译 . —北京：
北京科学技术出版社，2018.10（2020.12 重印）

ISBN 978-7-5304-9477-6

Ⅰ . ①建… Ⅱ . ①托… ②肖… Ⅲ . ①建筑设计 Ⅳ . ① TU2

中国版本图书馆 CIP 数据核字（2018）第 046760 号

策划编辑：李　菲
责任编辑：王　晖
责任校对：贾　荣
责任印制：李　茗
内文制作：北京八度出版服务机构
出 版 人：曾庆宇
出版发行：北京科学技术出版社
社　　址：北京西直门南大街 16 号
邮政编码：100035
电话传真：0086-10-66135495（总编室）
　　　　　0086-10-66113227（发行部）
网　　址：www.bkydw.cn
经　　销：新华书店
印　　刷：三河市国新印装有限公司
开　　本：787mm×1092mm　1/16
字　　数：30 千字
印　　张：5.25
版　　次：2018 年 10 月第 1 版
印　　次：2020 年 12 月第 3 次印刷
ISBN 978-7-5304-9477-6/T · 953

定　　价：42.00 元

## 中文版序言

很高兴《建筑形式的逻辑概念》一书在中国出版。1994年，我曾为华南理工大学的学生写下了一本《入门手册》的小册子，目的是使他们有一个健康的设计状态，也因此整理出了这本德文版的书。而今天，这本书又溯源回到了中国。

托马斯·史密特
于德国慕尼黑
2002年5月

## 再版译者序

托马斯教授这本书，自建工社的首版（2003年）到现在已过去15年。这十几年的中国建筑创作已经呈现显著的变化，理论与现象的繁荣令人炫目。这本托马斯教授源于20世纪90年代初的书稿，越发显得"古老"。

托马斯教授（Thomas Schmid）是1940年瑞士苏黎世理工学院（ETH）建筑系毕业，曾在美国、德国、中国任教，在慕尼黑工业大学任教30年。1987—1988年曾在华中理工大学（现为华中科技大学）及1994—1996年曾在华南理工大学任教。教授在中国的经历，影响和教育了一批年轻教师和学生，其中不乏李保峰、刘珩等佼佼者，为中国建筑教育做出了积极的贡献。当年在中国任教，为了让中国学生简明地理解现代建筑设计方法，教授于是开始整理这本书，并于1998年在德国出版。现在我每次重新阅读这本小册子还会得到设计状态的休整，如同教授提到的"健康的设计状态"。我依然相信，这本册子对年轻建筑学者是非常有意义的入门指导。

我曾经在托马斯教授90岁生日时，在《南方建筑》杂志策划了一个板块，请相关学者对托马斯教授的中国建筑教育的影响进行讨论（见《南方建筑》2015年第2期）。2018年4月再次回到慕尼黑拜访教授，教授已入住养老院，但教授依然神采奕奕地和我讨论建筑，还解释养老院里，故意设置了一条步行长廊，让老人们每天数次地从电梯间蜿蜒地走到餐厅，"老人在这里需要的不仅仅是便捷，而是步行锻炼"——建筑的道理其实可以非常简单明了，就像这本书带给大家的一样。

恰逢翻译版权到期时，北京科学技术出版社积极联系、落实再版。我也希望实现教授的初衷，依然能够持续做出富有价值的影响。

肖毅强

2018年8月于广州

## 译者序

托马斯教授是在现代主义影响下成长起来的建筑师，早年有自己的事务所，1969年著有《系统建造》（*Bauen mit Systemen*）一书。他在慕尼黑工业大学曾主持的建筑建构与设计教研组（Lehrstuhl Fuer Entwerfen und Baukonstruktion）一直是系里高年级的核心教学单位（托马斯教授的后任，便是现在国内读者较熟悉的赫尔佐格教授）。作为慕尼黑工业大学最受学生欢迎的建筑设计教授之一，他在建筑设计教学中不仅指出学生的问题，还告诉他们问题的原因。在他看来，设计工作的基点往往来源于朴实的动机和简单的原则，对于基本问题的全面认识才是构成我们正确设计观念和设计方法的前提。而作为教学工作则更是如此，他强调在设计教育中，不是依靠学生的"天才灵感"或者为师者的"老经验"，而是应当总结设计规律转化成为相应的设计观念和方法。

对教授来说，在中国的工作经历转化成了对中国的热爱。后来在德国见面时，他对中国的关切之情常常溢于言表。在一个西方建筑专业教育工作者眼中，在中国见到的更多是问题和遗憾。正因为这种对中国文化的热爱转化而成的关切和忧虑，以及对自己几十年教学经验的总结，促成了这本书的写作。在华南理工大学任教时写下的初稿，可以说是他的教学经验在中国现状触动下的结果。1998年重新整理出版德文版，现在出中文版应算是"回归"吧。

认识托马斯教授是在1994年，教授退休后到我们系当客座教授。1996年教授专程带着我们几个教师在德国和瑞士进行了为期一个月的建筑考察，参观了不少在这本书中提到的例子。后来我公派留学，经教授介绍到了慕尼黑工业大学建筑学系进修。其间对现代建筑思想进行了重新的"补习"，使我对设计的基本概念有了全新的理解。而当我读到教授的书，结合起自己的体验，这本"简单"的册子很让人触动。译这本书初稿时我还在慕尼黑，可以常常与教授对一些问题的理解进行讨论，也更加深了对书的认识。我相信书中内容，也是读者们乐意去重新熟悉和思考的。

建筑设计的思想在书中用简明的方式被表达，而简单的道理又包含了丰富的内涵。如果我们带着问题，这会是一本充满应对思维的小册子，每一个章节都可以引申出丰富的专业内容。因为翻译的缘故我不知来回读了多少遍，但每次仍有新的感慨和认识。这本书虽然是针对建筑学专业年轻学子和年轻建筑师的，但对于资深建筑师来说，也何尝不是一服"解毒剂"？

最后，要衷心感谢出版社的支持及编辑的全力协助，还有德国卡尔卡马出版社的慷慨授权。

肖毅强

2003.4.13于广州

# 目 录

# 引言

我们生活的世纪①被现代主义文化和艺术深刻地影响着。这几十年来也同样持续着对现代主义艺术的争议。但今天现代艺术是否就已获得认同了呢?

我至今仍表示怀疑,现代艺术和现代建筑是否已真正成为大众的普遍意识,举两个例子:新的巴伐利亚州建筑是1980年联邦州范围竞赛的结果,一座雄伟的外观由混凝土、钢和玻璃筑成的现代建筑物,身为巴伐利亚人的州长却要求在内部装修一个"庸俗"的农舍风格的房间,也许是这样的,这点来自阿尔卑斯山的气息让他可以忍受现代风格的一切。建筑外观可与现代相适应,但内在则是乡土气息。

在阿尔卑斯山谷的提罗(Tirol)、高布恩登(Graubuenden)或瓦离斯(Wailis)等地的住宅和旅馆基本上是按所谓的"阿尔卑斯山地风格"建造的。这些建筑据称有着与阿尔卑斯山谷相称的造型。由此人们要这样通过妥协与传统产生联系。但据《南德报》(Die Sueddeutsche Zeitung)报道:从来就没有一个山民这样去盖房子。

总而言之,现代主义直到今天还没能像哥特式、文艺复兴式或古典主义曾有过的那样成为一种被广泛认同的公众意识;相反,它遭受了很不同的待遇。对一小部分人来说,现代主义是可以容忍和接受的,但对于大部分人来说是不可容忍的,巴伐利亚的州长便属后者。

这些对现代主义的不同看法会导致一些误解,例如:在法兰克福博物馆里,一个无知的清洁女工将约瑟夫·比斯(Joseph Beuys)②闻名世界的现代艺术品的油渍当作污渍擦掉了。因而"油渍"的信息始终无法得到传达。

坦率地讲,这应是一次分裂,分裂使人们对艺术的理解产生了分歧。而今天我们可以对现代艺术做一下明确定位:19世纪和20世纪之交现代艺术通常被成功称为"立体派"。

确实是这样,立体派将当时所有的认识都翻了个儿。之前人们还只是相信眼睛看到的东西,现在突然来了艺术家,告诉他们必须先去想象想要看的东西。理性从此替代了感性。

之后,立体派在建筑界通过勒·柯布西耶、密斯凡德·罗和弗兰克·赖特等建筑师的设计,开始深刻地影响着20世纪,尽管对此尚有许多建筑师至今没有意识到。例如,当代建筑师每天设计现代风格的建筑。但只要他们画速写,便只是些历史建筑的描绘或类似的东西。好像现代建筑与绘画无关,而只与绘图有关。

这种现象表明,建筑学的理性和感性被分离了,而只有最好的建筑师,才可以在其工作中将理性与感性二者兼顾。

怎么办?人们应在建筑原理中做出哪些反应?这里有几点是肯定的:

1. 建筑仍不断地被建造;

2. 建筑学循着发展轨迹,向前推进,不会走回头路;

3. 建筑持续地产生着时代精神,甚至创造着时代精神。

现代主义造成的分裂实质上是一次向前的跳跃,也许这个跳越太大,以至于到今天还没有被人们理解。正由于这一原因,学习建筑学才会变得有意义,因为从中人们可以向上求索,把开始了的东西引向圆满的终点。

---

① 是指20世纪,作者写作本书时为20世纪90年代。
② 约瑟夫·比斯为德国20世纪杰出的艺术家。

# 建筑师是天生的吗？

当我50多年前在苏黎世技术学院学建筑时，我们教授的观点是：建筑师是天生的，但大部分的学生并不是。这话很刻薄。后来我很快就明白，这句话并没有触及事物的本质。

第二次世界大战后开放的边界使现代主义及包豪斯风格如海潮般淹没了欧洲。当时我们全无准备，教授们从来没对我们提起过现代主义，没有让我们去对未来做出准备，因为他们自己也不清楚。但一切突然来临，一夜之间。

我们被教导：每个建筑都有一个构思，这是来自脑子里的灵感，是与生俱来的，并且这些建筑构思很难捕捉到，对此人们只能等待；相反，却没有人告诉我们，建筑构思的方法可以一步一步去掌握。

要去探索这一点，首先需要建筑师具备扎实的历史背景知识，从历史中时常可以获得很好的构思。建筑的环境和结构也包含了建筑构思；但最终构思在于设计者本身去发现和定义。

总之，建筑首先和思维有关，然后才和绘图有关。这并不是说人们不能用绘图来进行思考。建筑学的目的在于建立一些人们必须去学习和掌握的原则，这个事实常常被一些专业人士所无视，因为他们把建筑学当作自己的"私人领地"，认为是他们在职业生涯中的收获。他们会不假思索地把建筑学称为"这是一种观念"——但事实并不是这样的。

无论是建筑艺术所归属的可度量还是不可度量的领域，皆包含着基本的原理。这一点古罗马时代的维特鲁威①已经知道，这与建筑的坚固、实用和美观有关。

举个今天的例子：乌尔姆（德国）的大教堂广场上，几个世纪以来教堂的大塔楼一直都是主角，由美国建筑师理查德·迈耶设计的新城市展览馆，正对着教堂的大塔楼。在这里设计任何新建筑简直是一次冒险！作为一个很高经验的建筑师，迈耶感觉到这是他的机会。他从强大的教堂去汲取灵感，并经历了考验，新建筑的设计中借助了圆、方，插入和突出的手法构成的塑形，令历史和现代相互对照，把相互的威胁转为对话。对话这一原则是永恒的，而迈耶则给它注入了新的内容和诠释。

---

① 维特鲁威，古罗马人，为《建筑十书》的作者。

乌尔姆的大教堂和城市展览馆在对话

## 这本书的由来……

　　几年前，我去中国教建筑设计课，惊讶于今日的中国建筑是以何种程度丧失了与环境和历史的关联，取而代之的是大量三流国际风格建筑的"翻版"，显然，这里的建筑学有点走歪了。

　　在广州华南理工大学任教期间，让我吃惊的是，中国学生对现代建筑背景知识的掌握相当缺乏。于是，我编了一本叫《入门手册》的小册子，以便使学生能尽快地理解现代建筑，结果效果惊人，似乎是一夜之间，我的学生开始学会提交独立并焕然一新的设计。过去的"翻版"不见了，学生们学会了去思考。因此，这本书主要内容来源于当时的小册子，并专设"思考"一节。

# 内和外——直接的转换

一些人对生活随遇而安，在面对问题时经常会自我安慰，好的方面接受，不好的可以回避。这种心理模式对建筑师是大忌，因为建筑师必须去承担交给他们的任务，更有甚者，他们还必须尝试去探求事物的本质，只有这样才能找到和演绎出不可替代并能传达给使用者的建筑构思。因为建筑师和建筑的使用者通常是不见面的，建筑语言是他们之间相互沟通的工具。因此，所选择的建筑构思和由之发展而来的建筑语言应是明确、精准和简练的。建筑师眼前浮现的，也应是使用者同时能感知的，而这一过程的完成却是以建筑师内在的、自身的而不是外在的活动为前提。

每个房子本身有内部和外部，人们总是为内部的要求而建房子。在平面设计图中会再次出现这个问题。因为房子会不断地有更大或更小的，人们在其中相互影响的私密空间存在。人们的行为决定建筑设计的质量。下面的切割弯曲练习，用造型的方式来说明"内和外"这一问题，这个练习可用纸板快捷地来完成，用很少的手工操作就可以实现下面的图形。

两个括号形的卡纸形成一个空间，中间穿过过道，并构成了向外部的联系。

 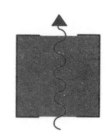

放两个半圆在里面，这样人们就能体会到相互联结在一起的不同空间。

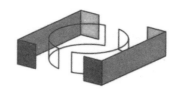 

再在上面加一个顶，从上面把它们封闭起来，这便产生了一个相互联系并相关的新空间——"内和外"。

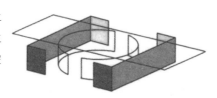 

有时人的想法和反应的产生是瞬间的，同样也会很快地消失。例如，观看美的房子会令人自发地产生一种好感，这种感觉却又会在人们能把握之前消失。这些过程首先在潜意识里进行，因而转瞬即逝，这类似于摄影中不中断排列的快镜摄影。在这些想法和反应中，间或能找到很好的建筑构思。通过在不断探求拓展知识的自觉意识中也会发生相同的过程。

人们应如何做，才能过滤出最重要的东西只有通过原理去认识，原理隐藏在每个事物的内部，必须要经过剖析方可理解。对于原理，人们是可掌握的，但不计其数的细节则不可能一下子完全掌握，但众多细节人们可以通过原理来操纵。这种方法人们称为"宏观思维"。

举个例子，有数以百计的各式窗系统，如木、铝、钢和塑料，皆有其相关的细部构造。全部掌握是绝对不可能的，因其数目是如此巨大，形式是如此繁多，但其中的原理是相通的，可以简单用3点来概括，其实问题都在于连接：

1. 墙和窗框图；
2. 框和窗扇；
3. 窗扇和玻璃。

这三种情况基于不同的窗框条件而有所不同，但在大部分的窗系统中都会遇到；还有塑料密封条技术，这一技术将现代外墙技术真正引上路。这在后面章节"连接"中会谈到。

在这里，问题的关键是人们要认识和掌握原理。这个"重要"和"不重要"的原理问题贯穿了整本书。

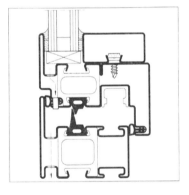

不锈钢

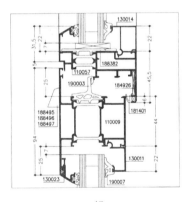

铝

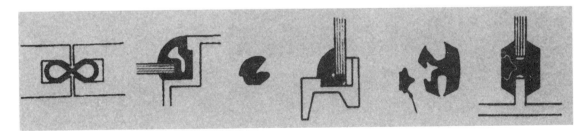

密封条

# 认识历史

历史对建筑构思来说是一个丰富的宝藏，对建筑学思维更是如此。西德塞·吉迪翁[1]（Sigfried Giedion）——现代建筑史的先驱，把这一浩瀚长河描述为三个前后相列的空间概念。

公元前4000年

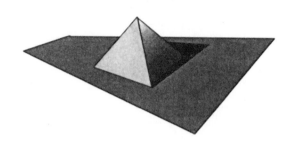

公元前2000年

首先是穴居人类，已有大量证据显示他们有惊人的创造力，但这时的穴居还不是建造，因为他们还没想到去建造。

偶尔出现真正意义上的建筑，如美索不达米亚人和埃及的金字塔。显然，这时人们已经从中学着去思考如何建造，但只是暂时从外表出发，真正意义上的内部空间在这些建筑中还没有提及。第一阶段的空间概念持续了之后的2000年！

---

[1] 西德塞·吉迪翁（Sigfried Giedion）（1888—1968），著名建筑史学家和教育家，《空间·时间·建筑：一个新传统的成长》一书的作者。

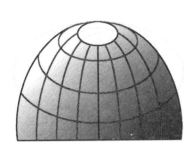

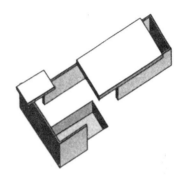

第二个空间概念阶段在世纪转折之际以"一锤定音"——罗马万神殿开始，第一次展示出一个被塑造的室内空间。但为何是这么一个室内空间？因为内部空间的表达在外部被忽略了，至少是没有赋予特别的意义，因此其内部才会如此令人惊讶。无人知道其建筑师是谁，碑上刻有"Agrippa"的名字，但他是当时的行政长官，不是建筑师，也许他还真是缔造者。至少继万神殿之后，人们的建筑思维又向前迈进了一大步，室内空间由此登上了历史舞台。这种外部形式和内部空间的分离之后又持续了2000年。

第三个阶段的空间概念产生于1929年，密斯·凡·德·罗设计的巴塞罗那国际博览会德国展览馆，轰动一时。千年来的内外空间的分割被一笔勾销，而只通过一面大面积的玻璃墙来表示。空间从如紧身衣一般的封闭墙体中解放出来，并开始流动。当然，这是一个思维长期酝酿并发展的过程。这一问题还会在下面的章节中谈到。

三个阶段的空间发展过程展示了人们是如何学会观察和思考的；以每隔2000年为一周期。这可谓"一个伟大的'看'的历史"。另外还有一个"小"的历史，这是每个人在他们生命最初三四年也会经历的类似发展过程，在人生之路中是注定的。两者都是分段段进行的，"小的"比"大的"要快得多。

当然，现在问题是两者之间的关联性。换句话说，"大"建筑的历史在一定程度上可是今天许多个无止境的"小"历史的缩影。或简单地说，每个人都不自觉地肩负着这个"大"历史，要做的就是去揭示而已。建筑学的规律可以被掌握，这一点应当从根本上成为每个建筑学校的信条，同时也是这本书的信条。

"在每个人的生命中都有一些经历和事情是不可再现的。它们的确只发生过一次。这让我不由得想起初恋；当然人们可能再会和别的人相识和相爱，但初恋时的年少激情是不会再有了。这一事实让人颓丧，但的确如此。"

这段引自苏黎世《世界周刊》（*Die Zuericher Weltwoche*）上安德里亚·格罗斯（Andreas Gross）的话，给了我们一个具有历史紧迫感的解释："对当时的深刻和质量的渴望。"

---

① 科学研究证实，幼儿阶段有不同的心理和游戏过程。第一阶段，与母乳发生关系，游戏的对象为有颜色的几何形体。第二阶段，对自己的身体发生兴趣，游戏则乐于对"洞"感兴趣并钻在小空间，如桌子底下。第三阶段，开始分辨性别，能分辨方向、内外及团体游戏。（作者补注）

# 形式的逻辑　从立体派开始

　　100年前从感性到理性的这一转变，它反转了整个艺术生活，并为第三个空间概念疏通了道路。之前，人们用他们眼睛能看到的去体验和描述环境。19世纪末，人们发现艺术不仅可以观察，而且还能去思考；同样的认识转变也反映在对物理学、心理学和社会学的研究上，也有了对艺术和建筑的结论。审美趣味在一定程度上从可见的感性上升到思维的逻辑理性。人们学习用新的方式去观察，这一转变首先反映在绘画上，紧接着又反映在建筑学上。

　　例如：

　　从拉斐尔和丢勒起，便以中心一点的中央透视法去描绘空间。中央透视法是以一个固定的视点作为依据，被描绘的空间也只能从这一点之外被观察。由此，这一认识限制和支配着几个世纪的思维。

　　绘画艺术家在这一问题上同样走在了前面。旧的描绘方式对新发展的观察印象不再行得通。如果一幅画只能从画面之外的一点出发去描绘和观看，就如同要透过窗户看东西。人们要去尝试新的画面现实，也就是把绘画者和观赏者自身引入画中。

　　首先开始尝试的是保尔·塞尚。他开始分解他的绘画题材，不再是由观察视点构成所描画的花或山景，而是一个在颜色点和画面之间产生的变换游戏。从中观赏者可以根据自己的意愿去思考。纯粹的外表给观察者逻辑思维留出了空间。帕克① (Braque)和毕加索②运用新的想法继续发展出一种方式：一系列依次立着的平面，它们单独记录下唯一的物体，如瓶子、乐器或家具等。这些元素以简单、立体的形式描绘，因此这场艺术运动因"立体派"而得名。

　　勒·柯布西耶接触到这个新的思维世界也决不是偶然的。身兼建筑师、画家和雕塑家的他找到了长期以来寻找的东西——一种从空间的深层去发展建筑学的方式。纵深排列的平面，在绘画中是一个幻像，但在建筑中却可以真正地产生并建造出来。这里观察者可以围绕并穿过对象。人们在之前的几个世纪被唯一的视点束缚，并在一定程度上在"外面"呆着，现在可穿过假想的界面向前迈进了。因此，在新建筑中人们谈论"通透性"。

---

① Georges Braque (1882—1963)，法国立体派和野兽派画家。
② Pab.o Picasso (1881—1973)，西班牙立体派画家和雕塑家。

# 通透性

勒·柯布西耶说："Nature Morte a pile d assiette et au livre."意思是，单独的物体在空间中依次排列。

界面和物体的分析，显示安排的方式。

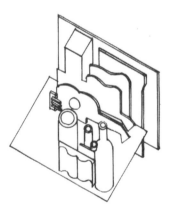

提奥·凡·杜斯堡（Theo van Doesburg）用着色的界面简述一个房子的空间，是一定程度上理想化的作品。

勒·柯布西耶在位于加赫斯（Garches）的斯代恩（Stein）别墅中以立体方式提升界面，这成为他的设计手法。

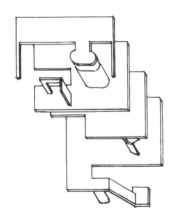

立体派和通透性展示了一个全新的观念。建筑学也随之进入了一个新的发展阶段，更重要的是，倒退回旧时代是不可能的。发展便意味着不断地向前，就像人类的思维和观念走出了洞穴，跳跃式地向前发展一样。

"没有人可以用一个单独的视点来完成空间的描述，尽管如此，中央透视法还是作为唯一的方法沿用了几个世纪。在没有把握赋予立体派绘画生命的灵魂之前，没有人可以理解当今的现代建筑。"——西德塞·吉迪翁（Sigfried Giedion）

"通透性总是产生在那些可以归入不同空间关系系统的地方。而这归属的选择权留给观察者。"——贝恩汉德·霍斯利[1]（Bernhard Hoesli）

---

[1] 贝恩汉德·霍斯利（Bernhard Hoesli）（1923—1984），建筑教育家，作者托马斯教授大学同学，美国著名"得州骑警"的主要人物，苏黎世ETH建筑教育模式的主要倡导者。

其实密斯并没有做别的，只是把提奥·凡·杜斯堡的"理想建筑"变为了建筑现实。思维的引导已准备好，通透性被证实是有效的工具。建筑这时就不必再是从下往上封闭、从基部到屋顶被建造起来。密斯先支起两个顶盖，再在其中插入他的建筑。流动的空间围绕独立的屏障物建立起来。它们是一些垂直的自由布置的薄石墙，石墙界定出单独的空间部分，而不是封闭起来。由此产生了以往不曾有过的轻巧感和恢宏大气。

当然，并非所有的建筑项目都有像密斯的巴塞罗那馆那样的自由度。如住宅建筑，人们通常要遵守住宅建筑的规范。尽管通透性通常可在任何地方使用，但也仅限于建筑体量的交接处或交通流线上。

总之，通透性不是处方，而是一种和设计相关的思维方式和哲学。因此，完全掌握这一通透性思维方式对学建筑学是有决定性意义的，且最好是在开始学习的时候。

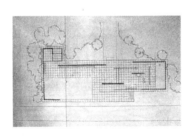
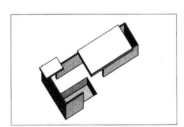

巴塞罗那国际展览会德国馆，1929

# 关于通透性的一些原理

通透性原理到处可应用，在发生相互转换的地方或在应使变化进行起来的地方。这里需辩证来理解，其中隐藏着的深层规则才可以被推导出来。

通透性随处可用，从小住宅到大型建筑。为了在规划中检验通透性这一原理，柯布西耶于1946年为圣迪尔城（St.Die）做了一个理想规划。圣迪尔城在法国维格森（Vogesen）地区，第二次世界大战作为要塞被严重炸毁，只剩下在山腰上的教堂遗址。

两条南北向的轴线形成设计的龙骨，一条在教堂的位置上；另一条对准城市展览中心，与之垂直的界面上布置建筑。二维的建筑体量在宽度和深度上为建筑构思提供了尺度。其间是小方体，它们构成小的空间。所有这些或大或小的空间组成了一个生动的变换游戏。

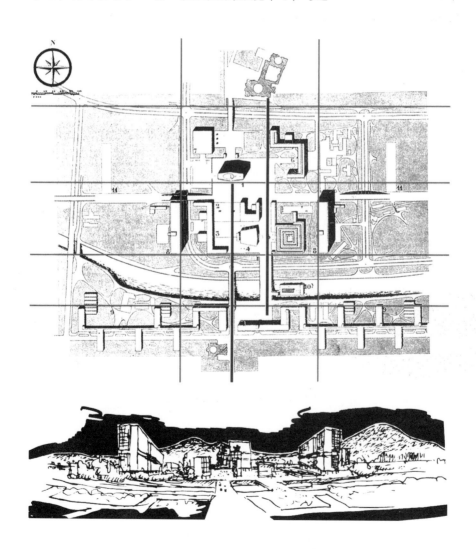

# 空缺和完整

圣迪尔城的规划方法是加法，也就是单独的元素以生动的拼贴联结起来，并通过轴线使之条理化；也有相反的方法：减法——减割出来。

为什么面包店橱窗中的蛋糕总是被切开的呢？首先，这样做人们能看见里面是什么内容；其次，是因切开的圆柱体会更有趣，当然，前提条件是余下的未切蛋糕块比切出来的显著大。

这两种现象——空缺和完整——是建筑学的基本原则，属于通透性的概念范畴，因它在整体和空间之间建立了辩证关系，把观察者引入了事件，人们看到，柯布西耶和博塔的许多作品皆运用了"空缺与完整"原则。

卡曼（Kalmann）住宅，由吕奇·斯诺兹①（Luigi Snozzi）设计，也是运用了这一"空缺和完整"原理。房子基地在一陡坡上，遗憾的是，基地的位置不能看到马基洛尔湖（Lago Maggiore），这是一块无人问津的基地。斯诺兹通过设计解决了这个问题。他在基地中安排了一条路径，从基地的北边进入，通过房子，绕到南边山坡的拐弯处，终点是一个凉棚，在那里可以看到湖。这条路径组成了这栋房子。在路径离开房子向凉棚的地方，斯诺兹加以强调，房子的一块被切割了出来，从而创造了一个高品质的空间。向外是阳台和露台；向内是起居室和卧室空间。这里运用的是"减割"的方法。

建筑的"内和外"是通过一面巨大的玻璃墙面联结起来的。这样，室内室外产生了通透性。可由观察者决定想要何种状态，是内或外，或两者皆有。

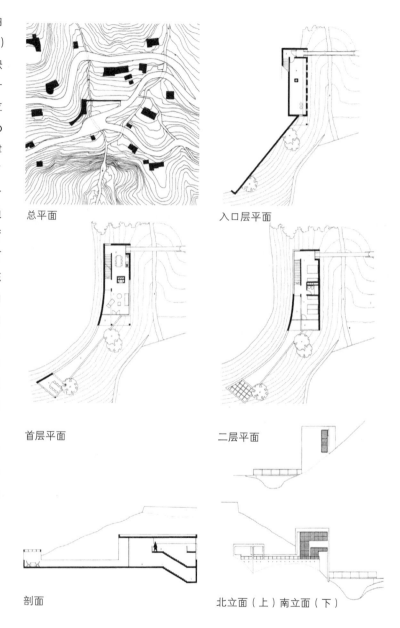

总平面　　　　　　　　　　　入口层平面

首层平面　　　　　　　　　　二层平面

剖面　　　　　　　　　　　　北立面（上）南立面（下）

① 吕奇·斯诺兹（1932— ）：与马里奥·博塔（Mario Botta）、奥利欧·加尔费第（Aurelio Galfetti）等同为瑞士南部提契诺学派的代表人物。

卡曼（Kalmann）住宅　　　　　　离开房子的小路　　　　　　内和外的联系

廉价住宅是另一个有关"空缺和完整"的例子。这一案例既运用了通透性的原理，又遵守了住宅建筑的规范。每块单独用地只有6.20米宽，从中切割出一个1.80米的"蛋糕块"，用以营造一个两层高空间的冬庭小花园，设在二层的一座桥使空间戏剧化，并使这个紧贴住宅的部分成为建筑的中心。作为建筑师，我做到了以最少的处理动作产生相对得体的空间效果。

廉价住宅，慕尼黑

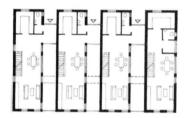 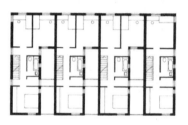

每块基地只有6.20米宽

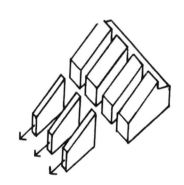 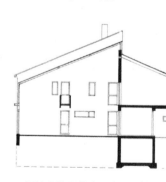 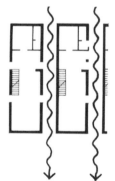

像蛋糕块一样切割出来　　　桥给小花园带来了戏剧化效果　　　视线的通透性产生了得体的空间效果

# 角色的变换

毕加索的名言，"人们必须把事物反转过来，才能把握其自然本质。"他说的是辩证的方法，也正适合于立体派和通透性的思维方式。他不仅这样说，也做了一个物件：牛头。

从垃圾堆里找到单独的自行车零件，组合起来，一个牛头就产生了。他用角色的变换和陌生化的手法，产生了一个介乎两者之间的状态。这个方法与通透性在建筑中产生的效果类似。

毕加索的牛头

吕奇·斯诺兹在他的竞赛方案舒尔（Chur）的格劳宾登博物馆中运用了角色转换的原理。提供的基地坐落在舒尔市中心漂亮的公园里，有一所住宅——毕德麦耶尔派的别墅——可被扩建、改建或加建。房子背后是一条紧靠公园的公路。

斯诺兹对该设计制定了两个基本原则：一是公园应该保留；二是住宅应包含在新的建筑中，并成为展品。

该设计中别墅中间被掏空了，只留下外墙体，向内的墙面特征也保留着。在别墅中间设计了咖啡厅，咖啡厅面对着一个具有都市化氛围的小广场。围绕小广场构成了在建筑整体组合中占主要分量的新的展览馆部分。

在该项目中，斯诺兹的设计真是一举两得：一是围绕别墅的空间相当于运用"减割"的手法，使得空间和别墅产生戏剧化的效果；二是角色的转换为别墅带来了别样的趣味。

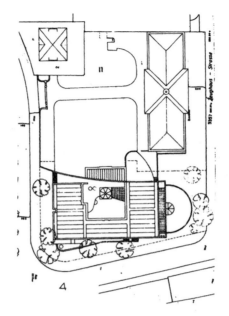

总平面

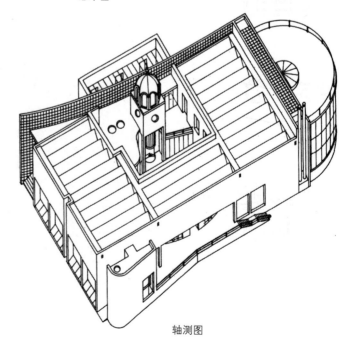

轴测图

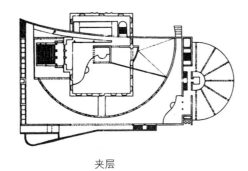

夹层

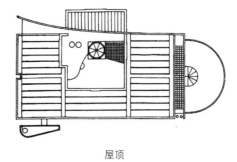

屋顶

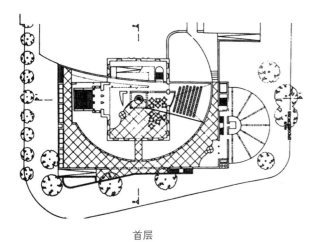

首层

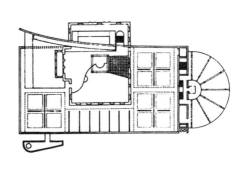

博物馆上层

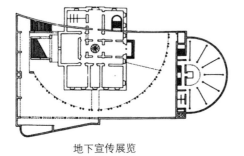

地下宣传展览

# 直和曲——曲线和圆的环绕

在众多几何图形中，圆形很特别。它由一个中心点控制着，边缘的状态都相同。不打破它的平衡状态，要与圆从外部产生联系始终是困难的，但有时也难免需要这样。北京的天坛便用了圆形，把圆形独立出来。圆形，在1000米长的轴线上出现了三次：第一次是作为圆丘坛，第二次作为皇穹宇，第三次是祈年殿。其他的组成部分——路、步级、斜坡、花园和服务性建筑——则由严谨的矩形组成。这样做会让圆形的建筑处在一个标志性和引人瞩目的位置上。

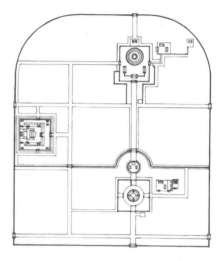

天坛总平面图

天坛，北京

圆和曲二者，总能产生特别的效果，也总是比正方形和长方形"需要更多环绕它的空间"。这个原则在北京紫禁城中体现得更加突出。紫禁城的建造完全是由矩形构成的，只有一条人工河以一自由曲线盘绕而过，以此象征抽象化的大自然。

在人们去把握圆形时，这一中国独有的经验应特别予以牢记。当然，人们也可以很好地运用部分圆形，如半圆，便可以很好地被联结。

这里有一条金科玉律：应尽量少地使用圆和曲线，当它们和矩形结构并置时，对比效果是最强烈的。

紫禁城，北京

　　当切割往纵深进行，凭割减法虽能带来必要的空间质量，但平面条件未必总能允许，也因此有了解决问题的原则和办法：割减和加插。

　　加尔费第[1]（Aurelio Galfetti）在贝林佐那城（Bellinzona）设计了一栋方形的住宅，纵深的切割无法做到；因此，他在建筑的宽向上进行切割，一开始达不到预期的质量，于是在切割的缺口处安上了一个由房顶组成的造型，由此带来了一定的设计感。

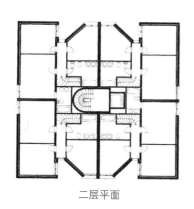

二层平面

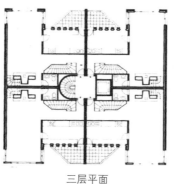

三层平面

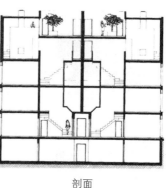

剖面

① 奥利欧·加尔费第（1936—）：与马里奥·博塔（Mario Botta）、吕奇·斯诺兹（Lulgi Snozzi）等同为瑞士南部提契诺学派的代表人物。

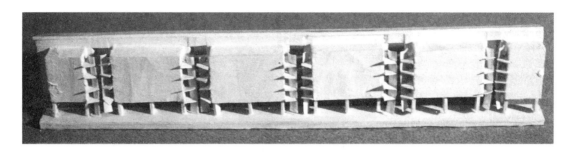

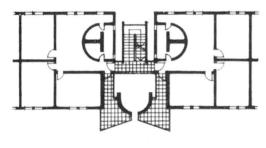

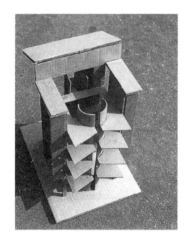

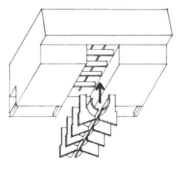

好的解决问题原则会影响广泛，并引发传播。

当我为武汉体育学院设计一座学生宿舍时，所面临的就是一个"宽向"的问题。一座120米长的横板状建筑立在山坡上，从该建筑望出去是平原。设计中把横板切断5次，目的是让山坡地形可以穿过这个板状的房子，展现出来。

在切断的地方，前半部分的板式被割减出来，由于裁减在深度上不够，不能产生更好的效果，因此又加了一个造型，这个造型由两块垂直的混凝土壳状板组成，作为阳台的支架，使阳台与平淡的板式建筑形成对比，这一造型令人想起蝴蝶的翅膀。

# 对话

瑞士人罗菲·奇勒尔（Rolf keller）曾在他的著作《建筑是环境破坏》中作了这样的断论："建筑之间不再相互对话。"情况虽糟糕，但却是事实。自从建筑师要求形式上的自主权以来，建筑之间的一致性正在消失，这是现代主义立体派造成的后果吗？也许是。今天，像理查德·迈耶在德国乌尔姆大教堂广场那样去创造对话已是很少见了。

生活中有各种各样的对话方式，在建筑学中也有各种对话的情况。埃及吉萨（Gizeh）的三座金字塔处在与沙漠和天空的精彩对话中。埃菲尔铁塔和操场之间的对话使两者相互烘托。观察者会习以为常，并认为这是理所当然的——其实并不是这样。

不妨像毕加索那样把对象调转过来，并设想一下练兵场的位置是一块萝卜田。这样你就会意识到机械论了，庄严变成了庸俗。

对此有一个同样明白易懂的精彩思维游戏，在《拼贴城市》①（Collage City）一书中，以佛罗伦萨的乌斐兹画廊为例来阐述。

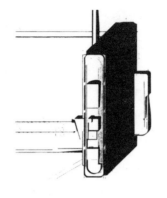

游戏的构成：
柯布西耶的马赛公寓；
瓦沙里（Vasari）的乌斐兹画廊。

状态：
公寓是一座单独布置的住宅；
乌斐兹是狭长的两翼，围合成一个狭长的广场。

---

① 《拼贴城市》（Collage City）：Colin Rowe和Fred Koetter所著，是一本关于建筑和城市规划的重要论著。

实验：

乌斐兹的"两翼"由两个柯布西耶的公寓代替。这样，原来单独存在的公寓构成的私密空间，放在一起就丧失了，广场也丧失了它的功能。

相反，将乌斐兹的"一翼"单独放在公园里，就不能发挥它的作用，作为公共建筑，它其实是为一个密集的都市环境而设计的，它们只有存在于瓦沙利布置的地方才有意义。

乌斐兹的实验说明了以下3点。

1. 用毕加索的方法，把东西反转过来，是揭示规律的最好方法。

2. 乌斐兹中对话的强度是以各方面的综合考虑为基础的。有"空缺和完整"原则、使用功能和建筑学的语言等。

3. 建筑的质量不仅取决于其本身的设计质量，更取决于其反作用于建筑的对话强度。

一部小说的开始……

　　《南德报》最近报道，提罗（Tirol）尝试保护阿尔卑斯山的建筑风格，让传统建筑重新焕发新生命。但当地的山民从来没有这样去建房子。这与建筑类型学的历史角色和建筑元素的语汇有关。显然逻辑常理告诉我们，阿尔卑斯山的木棚子不会简单地被鼓吹起来，以便为旅馆找到位置（发展旅游业）。用工业化的手段去模仿手工业制造出来的建筑元素，结果会是贫乏的，设计质量并不是抛出传统风格就可以达到的，质量总是悄悄地到来。简明的叙述比唠唠叨叨要好得多。

　　属于每栋建筑的语汇，应表达一个建筑的构思和产生这个建筑的时代，今天已拥有足够多的语汇，以致我们可以不用再去生产了。这里我们举两个很特别的例子。

吉塞伯希特（Ernst Gieselbrecht）设计的在波登湖边的一处住宅，位于一个可以看到阿尔卑斯山的好位置。沿湖一面全是玻璃，并把飘台的屋顶向上掀高了一点，以便从房间里能往外看得更高、更远。

完全相反，莫登那的骨灰房则要避免对外，这里代表着死亡和安详。安东·罗西为之选择了一个立方体；这类似于吉迪翁的第一空间概念的暗示，从建筑外观是无法判断的，但是内部令人惊叹。骨灰被安放在灰色的混凝土筑成的墙体里，对内庭院却开放出一道轻巧通透的钢结构环廊。昏暗为死者，轻快为生者。

外部

外部

在波登湖边的住宅

内部

骨灰楼，莫登那

内部

"美丽的人在美丽的风景里。"《歌德在罗马平原上》蒂施拜因（J.H.W.Tischbein）——其实两者没有必然联系。

　　大多数人认为，"风景"应是美丽的、无人为影响的自然，人们把它作为漂亮的旅游图景来对待。心理学家里奇·弗罗姆（Erich Fromm）说过："雾中的风景也漂亮，只是有点冷酷。"风景到处都有，并伴随着各种天气。一个小后院是风景，一个火车货运站、荒漠、海或者在阳光、雨中的山也是。因此，建筑师并不是以幻想的眼光来看待风景的，而是以建造的可能性。这样地理环境起了决定性的作用。

　　这里基本上有三种不同的构成：

　　1. 山边；

　　2. 山腰；

　　3. 平地。

山边：

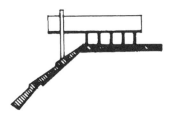

山边的地形，不仅要可以从建筑的外部感觉到，还可以从建筑的内部感觉到。

山腰：
有三种不同的处理方法。

先建一基础，在上面布置建筑。

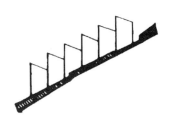

建筑沿地形向下排列。

用塔楼和桥的方式，如博塔设计的住宅所做的那样。

无论是哪里的山腰，阿尔卑斯山、苏格兰高地或格陵兰岛都一样，山腰还是山腰。

平地与山地相比较，有些不同的依据：河流或溪流、街道，一条林荫道或者什么都没有。这时就必须由设计者自己去寻找依据，要"打些桩子"，以便把建设基地明确地界定下来。这里有两个不同的方法来进行：从内向外，或者反过来，从外向内。不是从中心向边缘对话，就是刚好反过来。

构思应被清楚和不妥协地陈述出来，以便尽可能强烈地进入正题。

如基地没有被界定，人们要自己选择基准点，"打入桩点"，在其中"拴住"建筑。

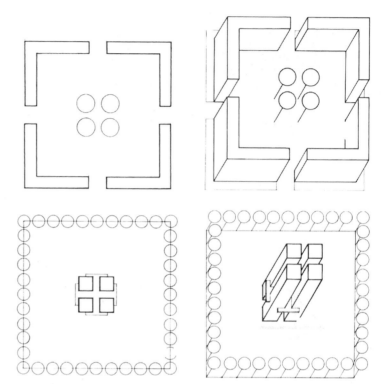

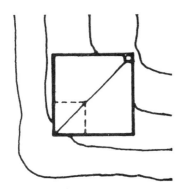
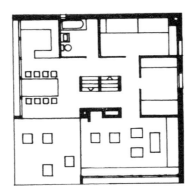

我设计的这个度假屋，位于一个有显著特征的山谷里，因为从中可以看到塔尔地区的最高山峰。

显著特征的山脊产生了对房子独特的构思——对角线，屋顶的形式和平面都在对角线控制下，通透的玻璃使建筑中的望台位于最重要的位置，并和山峰产生对话。仅仅通过对地形的准确理解就能生成小度假屋的设计构思。

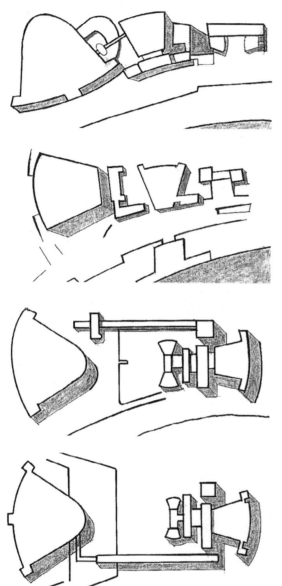

第二种情况是风景同样隐藏着基准线，如柯布西耶在莫斯科会议中心的竞赛中，刚开始是以莫斯科河为主导的。

柯布西耶逐步放弃了这条基准线，而把大、小会议厅放在构成建筑群"龙骨"的位置上，方案就这样被确定下来。两个会议厅和整个项目的主线构成对话，河流的作用退居其次。

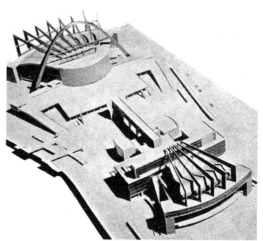

第三种情况是思维性地"打入桩点"。在贝林佐那城的边缘与提西洛河（Ticino）之间的草坪上建造一座大型游泳设施。城市边缘和河流都是显著的基准线，但该项目在用地上的具体地点还没有确定。首先必须打入桩点，一个在城市边缘，一个在河岸上，中间联系着项目，那么，是怎么样呢？

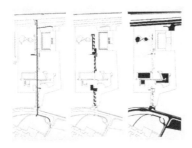

项目的确定产生于公开竞赛，本来设计以游泳设施为主题，而非加尔费第中标方案中的桥。但这座桥在加尔费第的项目设计中起着主要作用。它联结了城市和河流，并赋予了这个不定形的区域一种秩序，也可被称为一根"杆子"，在上面能穿挂起不同的功能：更衣室、餐厅布置在桥的下方，独立设置的游泳池就在桥边上。

这里设计师只要从风景中去全面解读，才能找到设计的基准点。

# 在旧环境中的新建筑

旧环境中的新建筑是比较现实的问题。在历史传统发展起来的环境中，每种干预都可能意味着一种破坏，因为人们把他们习以为常的环境作为辨别环境好坏的标准。对于它的损坏和改变，第一反应总是负面的，其中，他们也许会忽视，这历史发展起来的环境多来源于不同的时代，因而所有的时代在其中都赋予了新的东西。

裸露岩石中的索勒城堡（Castel del sole），贝林佐那城

往电梯间的入口

电梯厅

梯井

因此，与历史关联的新建筑，操作起来要充满智慧并小心谨慎，为给新建筑融入历史关联的机会。一个典型的例子是贝林佐那城索勒城堡的岩石，索勒城堡坐落在巨大的天然岩石山上。

中世纪早期的贝林佐那城是由来自意大利的Sforza家族统治的，直到后来被瑞士当地土族人赶走，将岩石上的城堡接管过来。这段历史的变幻直至今天还可以从不同的城墙层段上解读出来。改建设计人盖斐提尽可能地展示出了这一历史发展过程。

盖斐提将城堡改建为一个现代化的会议中心，他分三个步骤来把握这一项目：

1. 首要的想法是修补岩石，使天然岩石恢复旧貌，并对岩石进行清理，使石头裸露出来，没有灌木和杂草，这样就创造了条件，使改建以"岩石"为主题来进行，改造中包含不同的"石头"对比并置：天然的岩石上，不同时期建造的石墙新加建时使用的"石"（混凝土）。

2. 把城堡定义为城市的一部分，人活动流线的策划从岩石下面的城市开始，再通过电梯竖井到岩石上面，经过岩石面的斜坡和草坪，最后进入城堡，使城堡轻松融入城市。

3. 改建的效果必须使旧有的层次在今天还可以辨读，如墙面的层段和屋顶元素，盖斐提在城堡建筑的室内展示出了不同时期的城堡城墙，并用现代的结构完善了城堡的屋顶。

电梯的上部出口

经过石面斜坡

置于城堡内

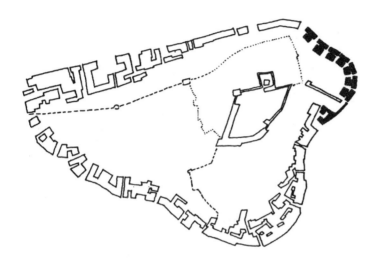

岩石上的城堡，下面是斯诺兹的设计

另外，吕奇·斯诺兹（Luigi Snozzi）在岩石脚下进行的设计项目，是环绕在岩石下的传统建筑的"花环"，其中有一个缺口要缝合起来。斯诺兹选择了单元化的住宅，以合适的尺度与现状建筑联结起来；同时，还为旧城墙留下一个位置。

以这样的方式，加尔费第和斯诺兹得当的设计赋予了旧的岩石山以新的生命，设计构思源于旧的存在，新和旧两者都被强化。

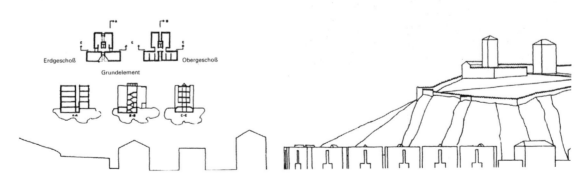

# 墙，步级，斜坡和平台

如何在景观环境中运用墙体、步级、斜坡和平台，建筑史上也曾有典型的例子。

但是今天人们已很少再这样做了，虽然现代化的建筑机械可提供的技术手段是以前不可比拟的，也许是因为我们这个时代变得太功利了。房子可以赢利，而墙体、平台却不行。

玛雅的建筑

前面都在谈相对于建筑物的外部影响，我们把它当作卡纸板做的了。当然不是！因此现在该是谈论建筑构件的时候了。由构件组成建筑，也从中产生建筑构思。

通常，对于建筑构件范畴，人们运用"建筑结构"这一概念。关于这个我们马上就会详细说明。首先区分一下两个概念：

1. 建造方式：定义建筑被制造的方式；

2. 建筑结构：固定建筑构件的规则系统。

建造方式包括用如木、石、混凝土或钢不同材料的建筑，也包括预制装配建筑、系统建筑和工业化建筑等方式。

相对而言，建筑结构是针对于设计的，因而是建筑学的一部分，基本上每个建筑都含有以下3种结构。

1. 圬工结构；

2. 板块结构（承重墙结构）；

3. 框架结构。

其中也有混合运用方式，但3种结构的基本特征应在其中被明确地表达出来。

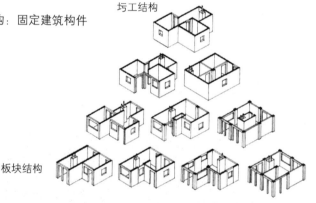

圬工结构

板块结构　　　　　　　　　　　框架结构

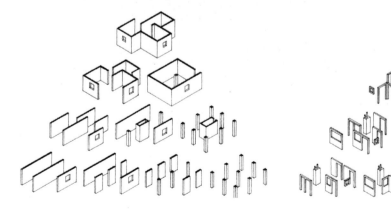

基本系统：承重构件

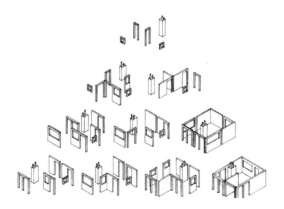

补充系统：可变的，非承重构件

设定一个平面，以便对3种方式进行模拟。

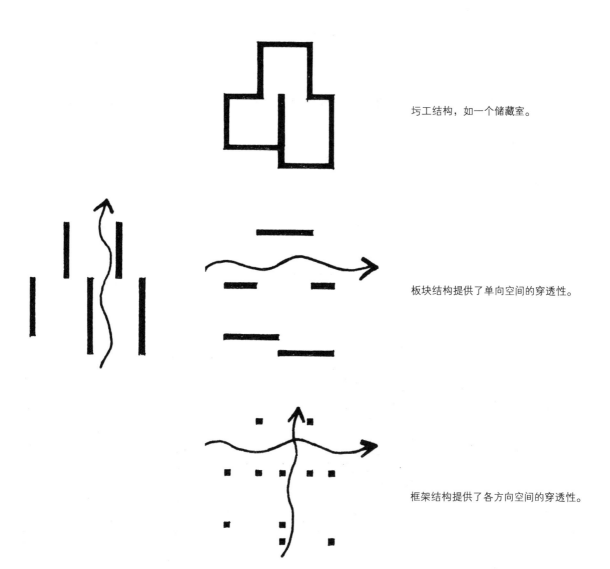

圬工结构，如一个储藏室。

板块结构提供了单向空间的穿透性。

框架结构提供了各方向空间的穿透性。

建造方式和建筑结构的选择可以进一步发展成建筑设计构思，特别是当人们没有需要服从的基本形式时。例如，板块方式可构成围合状的形式，根据需要可形成封闭或开放的平面。框架结构时可将非承重填充构件附加进去，以便单纯、明确地界定空间，等等。这正如密斯在巴塞罗那展览馆所做的那样。

顶盖也有结构部分。它取决于墙体的结构，并共同构成确定的形式（单元间、通道式、桌子式），这已可构成建筑构思。这时建筑构思来源于建筑本身，并非来自外部因素。

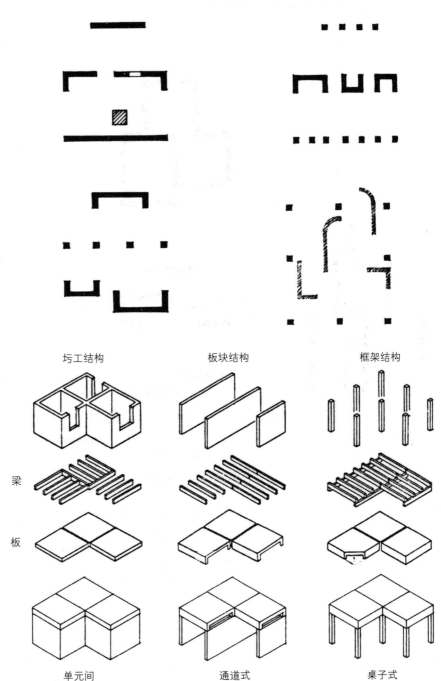

圬工结构　　板块结构　　框架结构

梁

板

单元间　　通道式　　桌子式

在两个平面形式上（1∶100）安
排梁，符合逻辑的关系及由此构成结构
构思。梁的截面是15厘米×30厘米。

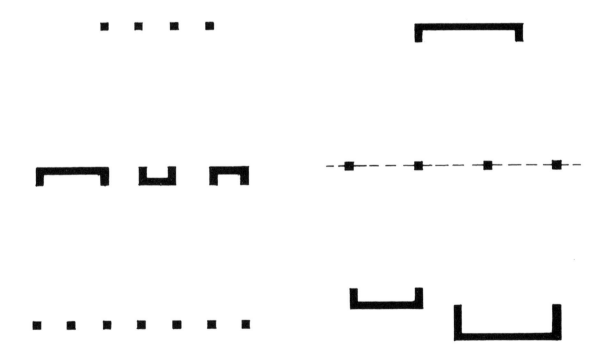

在莫登那的珊·卡塔多（San Cataldo）墓园的骨灰楼，安东·罗西选择了一个砌筑的坚实墙体结构，墙体的封闭带给了死者安宁的孤寂。

这个例子在"语汇"章节中已提到过，现只作墙工结构的一个例子。

罗马的圆形大斗兽场，是大约公元50年建造的，罗马人使用了简单的结构手法：

1. 板状承重墙承重，呈椭圆形地布置；
2. 穹隆跨越于板状墙间承重；
3. 围护墙体，支撑和加固结构。

所有的建筑构件都包含静力学功能，同时又构成形式和构思。

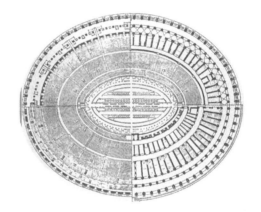

# 框架结构

　　下图是慕尼黑工业大学的一个学生作业，是一个半圆形平面的汽车展览厅。展品展览时应在充足的光线下进行，并可以从外面看到。框架结构由三角桁架的柱子构成，所有都服从于半圆形形体的逻辑关系，留出了大面积的玻璃墙面，射入阳光的条形天窗，结构交汇点是一个中心光圆体量。

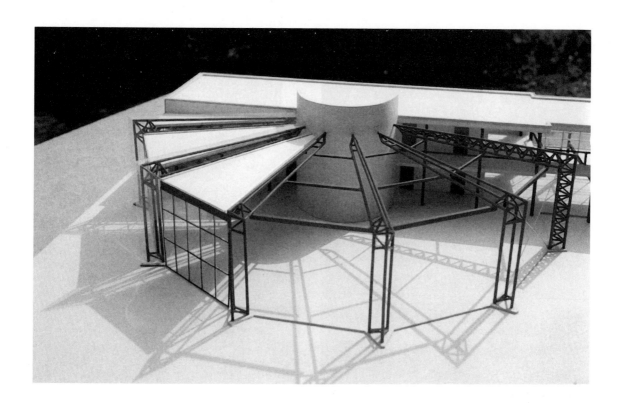

# 定向，非定向，集中

通常建筑师在开始设计前总要寻找宏大的构思，而建筑构思也可以从微小的事情开始，这点通常是被忽略的。

例如梁的布置。

一块木板或胶合板的最大跨度是1米，梯形钢板和混凝土板在中间没有支承时的跨度是3~4米，由此产生了梁的间距。

梁架和屋架系统的跨度取决于铺在上面的材料。屋架的跨度和方式是由空间的使用决定，屋架的间距是由顶盖或屋面材料决定。这里，只有一个维度还可自由选择，就是屋架的总数可根据需要增加或减少。因屋架总数可选择，所以人们称这种结构为定向结构（在一个方向上）。

定向结构运用于工业建筑、办公楼或学校。人们要加长建筑的一翼时，会靠着原来部分布置。于是，定向建筑的基本形式总是一个长方形。

也可以从材料在两个方向上可以有3~4米的跨度这一思路出发，梁作为网架状支承，在交叉点固定起来。这种结构总是呈方形并可在两个方向上扩展。人们称之为非定向或两个方向上定向结构。

木板、胶合板

混凝土板

梯形钢板

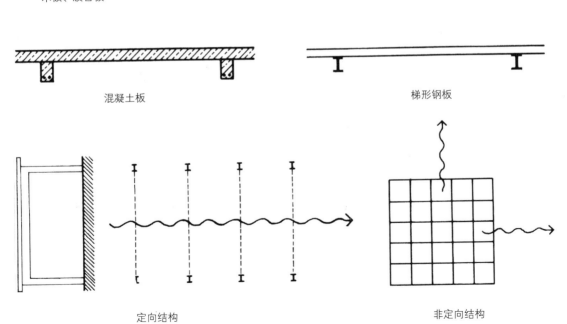

定向结构

非定向结构

因网格梁通过固定的交叉点得到很强的稳定性，不必每一个支点都有梁支承。然而应在对称线上的交叉点上支承，这样可把网格梁的形式充分体现出来。

在集中式的结构中，钢板和混凝土板的跨度也是3～4米，特别是中间总是一个圆洞，因橡梁不能往"零"上去联结，这圆洞可简单地作为梯屋或顶光来处理。

还可以有其他情况，从立面上见到的是一个比3～4米大的结构间距，但屋盖梁架的间距仍需要3～4米。这种情况下，需要一个次梁系统，还可以根据跨度和功能需要有次二、次三级系统。

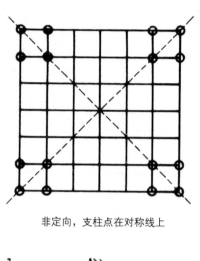

非定向，支柱点在对称线上

集中式结构

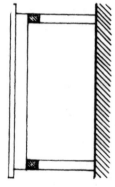

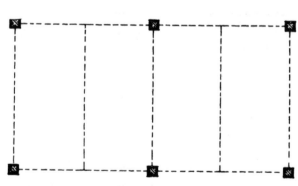

次梁系统

定向结构的例子是吕奇·斯诺兹设计的在贝林佐那的法比茨办公楼。

办公楼是由长方形，定向结构的两翼组成，两翼的结构围合内庭院，中间部分还布置交通和附属用房。因楼板是混凝土板，所以柱子的间距是3米。

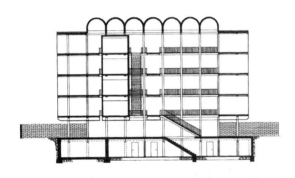

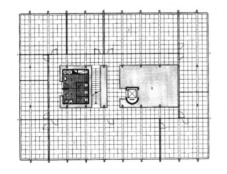

　　密斯设计的国家画廊是由一个方形的钢网格梁作顶棚的不定向结构。柱子布置在对称轴上，而让角部空出来，使结构体系得到很好的表达，由此产生了典雅端庄的效果。

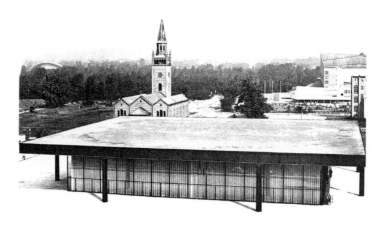

# 支承和被支承——支承结构的历史

"梁"是由人类发明的，它最早出现在英格兰和葡萄牙的史前文明中。

英格兰的石阵就是一个著名的例子。两块桩入地面的石柱支承一块花岗岩石板，并构成一个门的形状。问题在于水平的石板，因花岗岩有很好的压力承载能力，但不能受拉承载。当它断裂时，裂纹就会先在石块的下部出现。因此，石梁的跨度被限制在3～4米。

继古希腊之后的很长一段时间，都没有找到好的解决办法。这就是雅典神庙（Akropolis）围满了柱子的原因，也是一个庄严的、原始的运用静力学的解决办法。

罗马人穹隆顶的发明向前迈进了一步，突然有了很大的跨度，罗马万神庙已是30米了。

承载结构根本上的思路已很明确，就是使纯压力接近曲线、圆，以克服梁中麻烦的受拉区。

压力由石块到石块传递下去，拉力就不存在了。对此人们又尝试用各种方法来平衡压力。后来人们知道，圆并不是理想的图形。罗马式还有这个问题，但哥特式尝试用尖拱来解决这个问题。

雅典神庙

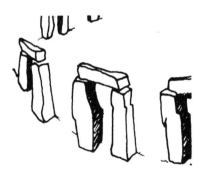

石阵

罗马万神庙

内空间

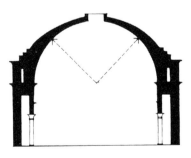

石阵

罗马式

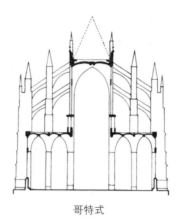

哥特式

文艺复兴时期海勒赫斯八世的胸部

但理想的线型也不是尖拱。文艺复兴时代，根据他们的主张也没有解决问题。唯一的例外是由伯鲁乃列斯基（Brunnelleschi）设计的佛罗伦萨大教堂的穹顶。根本上，文艺复兴并没有在结构支承和计算上花功夫，而是在装饰和富丽堂皇上做文章。文艺复兴时期的海勒赫斯八世（Heinrich）惊人宽敞的和布满装饰的胸部，就足以说明当时所显耀的东西。

18世纪的数学家又是如何回到被中断了的解决理想线型的思路上来的呢？

他们发现了可将问题归属于其中的抛物线和指数方程式。这个发现轻而易举，因为抛物线早就存在，只是人们没有发觉它的意义而已——链条。

链条由于链圈重量的影响垂下来，构成一个抛物线。"人们须把事物反转过来"，毕加索说过。把曲线转向上，这样就产生了从一环到另一环的纯粹压力，不再有麻烦的侧压力，它是理想曲线，就像被埃菲尔和后来的马拉特（Maillart）运用过那样。

另一个使发展向前迈进了决定性一步的是大发明——钢。铁的使用已有3000~4000年的历史，但其性能一直未被充分利用来承受强大的拉力。钢的发明使高承受力构件成为可能，其惊人的性能归功于碳的添加剂量，钢同样在预应力钢筋混凝土建造中必不可少。

值得注意的是，历史中这么长一段时间，人们被石头有限的支承性能限制着，后来又有一长段时间，在不是理想形式的穹隆上滞步不前。最后一幅图是一个短暂美好的100年的新纪元，这时，人们终于发现了承载系统的真相。

托斯桥，马拉特设计

珀托的桥，古斯塔瓦·埃菲尔设计

瑞士一个州展览馆的混凝土拱壳，马拉特于1939年设计

# 铰接节点或钢性节点

大多数建筑师会认为铰接节点是次要问题，其实不是的。为了使结构稳定，最简单的形式是三角形，三角形总是稳定的，不管它是由铰接节点或非铰接节点组成。

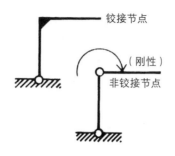

铰接连接

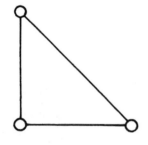

非铰接连接

节点可根据需要由铰接节点或不可活动的非铰接节点组成。

非铰接（刚性）节点可自行稳固，但铰接节点不行。由铰接方式安置的框架，附加一个可以支承拉力的交叉斜撑，或简单固定在地下室中，也可以稳定。

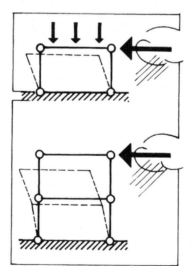

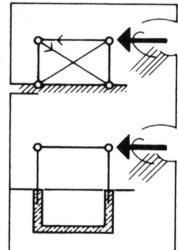

我们将一种材料（如钢）加进来，这样，对铰接节点或刚性非铰接节点就有以下的技术性解决方法。

■ 焊接总是刚性非铰接的；

■ 螺丝固定连接，当连接点是由许多螺丝固定组成时，也可以是刚性非铰接的；

■ 铰接节点连接是以螺丝固定，只有当每个节点只有一个螺丝出现，这样的连接才是铰接节点。

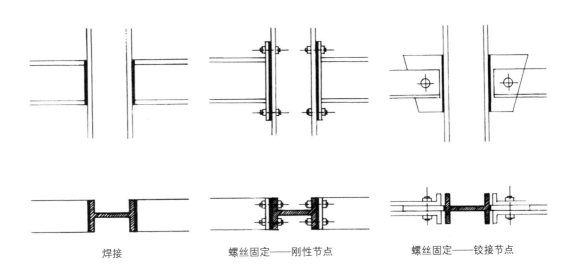

焊接　　　　　　螺丝固定——刚性节点　　　　螺丝固定——铰接节点

刚性结构通常都比铰接结构重。这不仅体现在梁上，也体现在柱子上，以至于视觉上看起来沉重，其中原因如右图所示，刚性结构的角部转移了一部分梁的荷载到柱子上。这样柱子就比铰接承重结构的要粗。巴黎的蓬皮

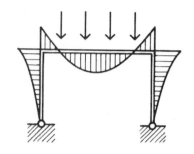

杜中心是完全的铰接承重，悬挑的部分组成了它的建筑风格，产生条理的效果。高层建筑，特别在美国，通常都是由刚性框架结构建造的，从而受制于方盒子这种形式。

蓬皮杜中心，巴黎

迈尔海（Mile High）中心，丹佛，美国

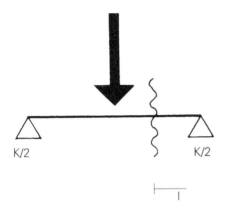

K/2　　　　　　　K/2

当一条简支梁承受大负荷时，会弯曲吗？不会，但可能会折断。从静力学来看它处在一个弯矩下：

弯矩M产生于一个以间距/分布的力偶K：

$$M=K/2 \times l$$

外在力矩是风力、雪载、使用荷载和建筑自重作用的结果。如果使用荷载增加或（和）加大跨度，人们会增加梁高来应付，而不是增加梁的剖面积。

注意几点：

重要的是梁高。

一个简便（非技术性）的法则是：

梁高=1/15～1/10的跨度。

一个铰接情况的解决办法，构件通常为1/3或1/4，比刚性结构细1/3或1/4。

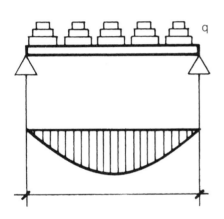

如果荷重分配在整个梁上，这样就产生指数方程式：

$$m=1/8ql^2$$

这个方程式的图形是一条抛物线。单独的线段表示各个剖切位置的力偶大小。

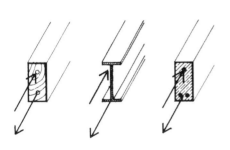

为了使梁不折断，必须把本身的力量调动起来。这些由各压力和拉力区组成的横截面，乘以各材料具有的典型应力及力偶的内在间距或压力、拉力区的间距。

这样产生的内部力矩，必须等于外部力矩，梁才不会折断。

5米左右跨度，人们常用的有木、混凝土和钢的型材。钢型材的跨度甚至可达到10~20米。再下去，就要增加梁高，或寻找别的结构方式了。

梁的方式：蜂窝形梁

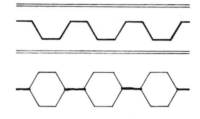

工字型钢以锯齿形切开，再错开一格焊接起来。这样既可无需增加材料的损耗，又能增加梁高。

桁架梁

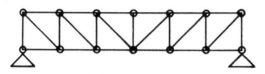

桁架梁于100年前发明于美国，而后传到欧洲，可以由钢和木构成，通常是钢。梁由直角三角形构成，因而即便用铰接连接也能稳定。梁可以很高，但必须有防止倾覆的固定，最简单的办法是将梁挂着而非立着。

夹板梁、木

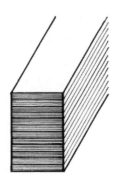

夹板梁的尺寸不再受木材的限制，可随意，它是不易变形且难燃的。

三弦桁架梁

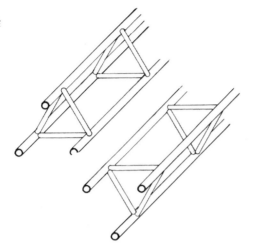

左图是一个空间构成体，由三角形向三个方向排列而成；因此，有特别强的承载能力和稳定性，通常是钢的铰接点设置，因为三角形结构可得到足够的稳定性。

这种结构的跨度可以更大，人们通常称之为空间结构，其中MERO（空间网架）是最著名的，它的基本原则是：

▲铰接布置；

▲三角，立体地布置并装配成四面体。

梁的布置

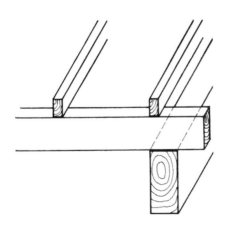

一定的跨度可以通过单一的梁布置来应付。若跨度加大，就要用别的布置方式了，以便节省材料和费用。但要遵循的一个原则是：梁结构的费用取决于梁布置系统的最佳选择。

梁的布置是相互叠加起来的，并使所有的关系清晰可读，但这样又会使建筑的高度加大，当要控制建筑的高度时也可以把梁布置在一起。

我们最先谈了建筑的外部影响因素，然后是结构、墙、板块和框架，现在谈一谈材料和型材。以前还是手工制造的时候，只有一些单一的材料，而技术也是可以一望而知的。从100年前的工业开始，补充了如此丰富的建筑材料和相应技术，使整个建筑材料领域无法概览了；因此，只有通过概括的思维方法了。因为这是一本为初从事设计的学生和年轻建筑师准备的书，目的是使他们掌握一些最低限度的知识，并从中提炼出一些设计原则。

### 尺寸

由混凝土或石块构成的承重墙结构，一般应用于最高四层楼的房子，墙厚30～40厘米。这也适用于单层或双层的墙体构造。在更高的建筑中，通常使用框架结构而不是承重墙结构。

在框架结构中，梁和柱的尺寸取决于它们的跨度和间距。一个高四层楼的房子可以下面的尺寸为出发点：

柱子：工字宽缘钢，15/15厘米～30/30厘米；工字窄缘钢，10/20厘米～20/40厘米

木方：12/12厘米～24/24厘米

梁：

梁决定性的是梁高，简单的规则是跨度的1/10～1/15，通常适用于木、钢和混凝土，对更大的跨度来说这个简易规则就不适用了，这时最好去问结构工程师。

楼盖：

混凝土楼盖通常是16～20厘米，无支承，跨度达到5米。在板上嵌入梁，成为梁板结构，梁又可根据简易规则计算尺寸。木构楼盖中梁的间距是1米，梁高则根据简易规则计算。

### 各种材料的承载能力

一种材料可承受的负荷用承载能力表示。它以单位$kg/cm^2$或$kN$（千克牛顿）来定义的。也就是说，每平方厘米的一种材料承受的最大拉力或压力。

木结构：$10～80kg/cm^2$，根据木纤维方向，压力或拉力的不同而不同。

钢：$1500kg/cm^2$，对应所有方向的压力或拉力。

混凝土：只承受压力，$100kg/cm^2$。钢筋来承受拉力。

### 型材，截面

钢型材是标准化的，也就是已确定的，尺寸可从材料表上获得；木型材是部分标准化，部分不是；混凝土通常是非标准化的，根据不同情况进行计算并现浇；铝型材一向是标准化，而是由厂家自己决定自己的形式。

**木型材**

　　木制品来源于木材（云杉、冷杉、橡树等），因此，它的尺寸是受限制的。木材的组成来自纤维和有机质，这就限制了它的应用。木材会收缩或膨胀，也会开裂和自燃。为了克服这些缺点，人们改进了木材的使用方式，将单块的木板压成片板型材，再用胶粘起来。这样一来，首先排除了收缩和弯曲，使板材微小的性能被利用；同时也可以生产出截面比木材本身大的型材，因为型材截面的规格是非标准化的，视情况而定。

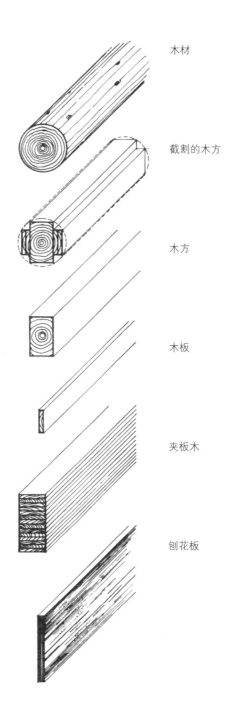

木材

截割的木方

木方

木板

夹板木

刨花板

### 钢型材

钢是无机物，固态且不可燃的，但在火中会熔化，必须在绝燃状态下运用。它有很高的拉力极限，大约是1500kg/cm$^2$。自发现起长久以来，钢才有机会在承重结构中作为受拉和受压构件，并使结构体系达到很大的跨度。钢型材是规格化的，分为好几种。

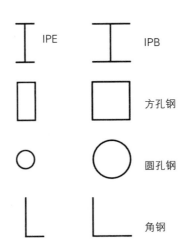

工字钢，IPE宽是高的一半，IPB宽与高相等。

### 混凝土型材

混凝土已存在了2000多年，罗马万神庙的壳顶就用了它，但钢筋混凝土的发明才使它第一次完全地发挥功用。1880年，法国一个叫莫尼尔（Monnier）的园艺师，用钢筋条加固他的花盆，由此产生了钢筋混凝土。

典型的混凝土型材是长方形，梁的上半部分承受压力，拉力则由下半部分的钢筋来承受。因为钢和混凝土在温度变化时膨胀系数相同，故两种材料可以紧密地结合起来。

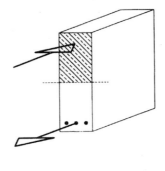
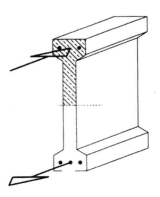

**塑料及其型材**

塑料是建材家族里的年轻成员，它的产生全靠有机化学的发展，可分为：

泡沫塑料（板状）；

PVC板材；

聚氨酯板材；

薄膜（很薄的尺寸）；

沥青薄卷材；

塑料卷材；

弹性胶（密封胶）。

泡沫塑料用作保温材料，通常的厚度是10～15cm；卷材用作面材和屋面的覆盖材料。

**铝型材**

铝被加工成板材或是型材，型材是由铝方条在高压和高温下挤压而成；因此，它有轮廓分明的边缘和精密的形状。密封胶型材也是由同样的方法制造出来的，以相反的形状与铝型材绝对吻合，共同构成密封性能很好的材料。

**玻璃型材**

玻璃或是被拉成板状薄片，或是浇铸成玻璃砖。玻璃板今天还可做成复合玻璃板（双层玻璃）。玻璃砖则可构成墙面或墙面的一部分。

**应用领域**

| 材料 | | 特性 | 应用领域 |
|---|---|---|---|
| 木 | | 静力学上有很好的应用<br>不同的承重性能<br>易变形，易燃 | 木结构，室内装饰<br>薄板材<br>家具 |
| 钢 | | 静力学领域有很好的应用<br>坚固、均匀的承重性能<br>不易变形，不可燃<br>火中可熔 | 钢结构<br>饰面<br>外立面建造<br>屋顶构造 |
| 塑料<br>卷材<br>薄膜 | | 有机化学材料<br>可燃，产生气体<br>有弹性 | 保温材料<br>防水材料<br>密封材料 |
| 铝 | 受拉成的<br>型材和<br>板材 | 升温膨胀<br>轻，软 | 窗和外立面<br>内墙体<br>轻质建筑，家具 |
| 玻璃 | 受拉或浇铸<br>成的玻璃 | 保温性能不佳<br>高温下会开裂 | 玻璃板，窗<br>立面<br>顶光 |

自半个世纪以来，工业化产品的现代密封技术就已被广泛应用。这是从第二次世界大战中飞机的制造开始的，在飞机驾驶舱的玻璃和机身铝质外皮之间，需要防风雨的连接问题，办法就是一个橡胶块，被称为"Neopren"的密封胶条。

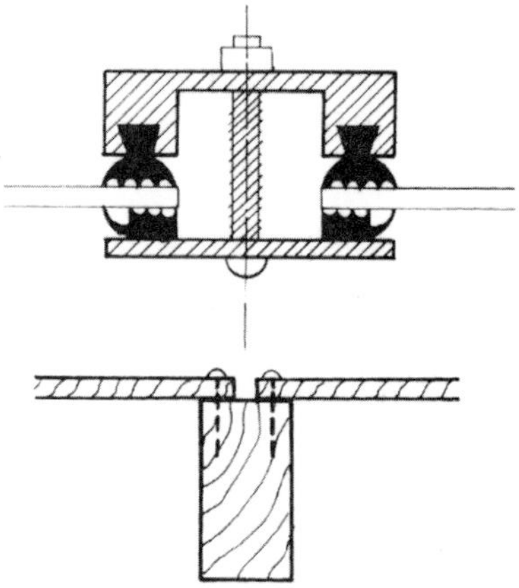

现代的"铝－密封胶连接"（下图中的上半部分）是20世纪建筑所必不可少的。在高层建筑中，是绝对防风和防水的。相反，古老的木板和木方的简单连接（下图中的下半部分），既不防风又不防水。

这里区分一下

**力啮合连接**

承重部件连接，并把力（拉力、压力、力偶）由一个部件向另一个部件传递。

**形啮合连接**

这种连接方式没有静力传递，它运用在手工业领域，由大量的系统和专利组成。

**固定**

在一个确定的重力极限下，建筑部件可用单一的构件密封、固定和连接。

**密封**

超过重量极限就必须分为密封和固定两部分，特别是沉重的混凝土。

**可拆卸连接**

螺丝连接总是可拆卸的。

**不可拆卸连接**

焊接和混凝土浇筑的连接都是不可拆卸的。如果考虑建筑材料可再利用，必须所有的连接都是可拆卸的。

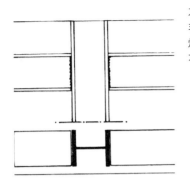

力啮合
非铰接
焊接
不可拆卸

力啮合
铰接
螺丝连接
可拆卸

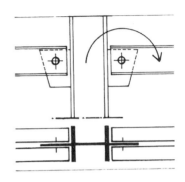

一个完整建筑部件的连接原则是如何剖析出来的，不妨以金属窗为例来说明。

第一个原则是：保温布置，要求热量损失减到最少，因此在设计思路上将窗型材分为两部分，再借助于非传导性的塑料条拼合成整体。

第二个原则是：固定的框和活动的窗扇之间的密封。

如果没有风，单是雨对密封来说是不成问题的。但风压会将雨水通过连接部分渗压进去，因此密封的主要部分总是要移到型材中来，因为这里风压没有外面大，有更好的密封效果，如列举的不锈钢窗就能很好地说明这一问题。

这些基本原理和知识适用于对窗系统的评价，而窗的细部构造可以放心地交给厂家。

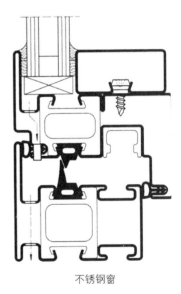

不锈钢窗

接下来的构造原理是层的次序。过去一堵外墙只用一种材料（砖、石等）来建造，就可完事了。但今天这样做就不理想了，人们要考虑用不同的材料，通过不同功能的材料以达到理想的效果。这些材料被以层的次序相互安排起来，并拼合成一块镶板。

立面镶板作为外表面应用，是构成幕墙的基本构件，幕墙从框架结构中分离出来，就像布幕一样。它的建筑部件、镶板和连接构造必须事先在工厂固定好并制成成品，所以需要一套精确的尺寸系统，以便很好地生产出来运用到建筑上，并能随时随地安装得完全吻合。

关于镶板，有两种不同的建造方式：

三明治式建造方式，是指各层像三明治一样胶粘起来。

箱式建造方式，其中保留一个空气层，起保温作用。

幕墙首先于1950年在美国出现，至今已推广到世界各地。以这种方式实现的最具代表性的建筑是美国丹佛的Mile High中心。近些年建成的还有纽曼·福斯特设计的香港汇丰银行。

幕墙

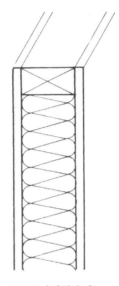

三明治式建造方式

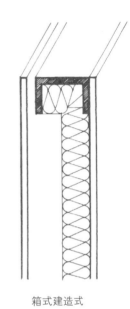

箱式建造式

密斯·凡·德·罗，湖滨公寓

湖塔公寓，芝加哥

利弗大厦，纽约

立面的部分，连接和设计必须相互协调，这样安装时才能完美无缺地完全吻合。这也是预制建造系统的一个问题，但不仅限于此。

二战后欧洲要修复战争带来的损失，因此特别在英国推动了预制建造系统的发展，它可以：

■ 提高生产率；

■ 提高质量；

■ 降低成本（以快速的组装减少单位时间上的劳动时间）。

为什么要这样？人们不禁要问，难道是要像买汽车那样在图册上挑选，买现成的吗？早在1850年就有人产生过类似的想法，并实现了。约瑟夫·帕克斯顿在伦敦设计的水晶宫，就是为当时的国际博览会建造的：

■ 6个月内设计和建造；

■ 是相对便宜的解决办法；

■ 可拆卸移动，并重新安装。

这座水晶宫建筑真的重新被建起来，并成为下一个世纪建筑的榜样，虽然其质量被人们很快就遗忘了。第二次世界大战后人们回想起当年的成就，并又开始了发展预制建造系统。

这一系统的原则是什么？

■ 大批量生产构件，以减少成本；

水晶宫，伦敦

■ 工业化的生产应带来比手工业更高的建造质量；

■ 应能干作业安装，以便快速施工，降低造价；

■ 应尽量减少不同的构件，即用尽可能多的相同建筑构件，却又能组合出尽可能多的形式。

这里的关键在于模数化的协调。

工业化成品需要同时在不同的地方被处理和制造：

■ 在不同的工厂；

■ 在建筑师设计室里；

■ 在工地的安装。

因此亟需一种所有成员都可以理解的技术性语言：

■ 模数作为数字尺寸；

■ 网格作为绘图的手段。

英国早在1950年就选定了0.30米作为基本模数，德国为0.125米，苏联是1.00米。

构件的生产就像工程一样应以尺寸为依据，这些尺寸是基本模数的倍数，这样才能保证各构件完全吻合，并能满足平面中出现的尺寸。

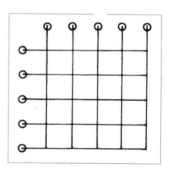

典型的系统建筑网格

一直以来，欧洲共产生了约60种预制建造系统，具体可分为三类：

■ 镶板系统：系统由承重板构成；

■ 框架系统：由梁和柱承重；

■ 小间单元系统：地板、墙和顶盖组成小间。

所有这些系统建起来或容易或困难，但过一段时间后都显示出了预制建造系统的严重弱点：缺乏对建筑环境做出反应的适应性，在造型上也不能与用常规方式建造的建筑竞争。20世纪70年代，预制建造系统在欧洲被放弃了，除了德国东部和前"苏联"将这种建造方式继续推行直至崩溃。其实，今天还是有合理的理由去继续运用的。

镶板系统

框架系统

小间系统

系统化思维的原则今天还可以遇到，而典型的建造系统的细部构造也一直被运用，如"角部如何处理？"这样的问题。

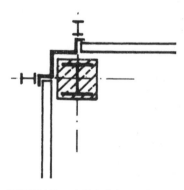

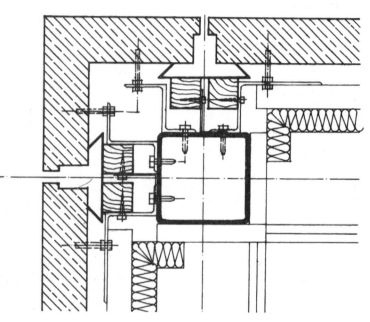

密斯设计的一个著名的角，芝加哥一个高层建筑的角部

英国CLASP/Brockhouse预制建造的典型外墙大样

# 为什么一些概念没出现?

至今我们谈了形式的、环境的和结构的逻辑，没有谈建筑功能的逻辑，也没谈及建筑的组成构件，如墙、屋顶、顶棚、窗、门和楼梯等。因为有大量的专业书很详细地谈到这些问题，这里就不必补充讨论了。

据我的教学经验表明，在脑子里还没建立一个概念系统，就塞进去单一的知识和细节是无意义的，我们希望避免"只见树木，不见森林"。因此，功能的概念在这本书里没出现。

太阳能和能源的问题在本书中也没出现，虽然这两个话题在今天是热门话题。阳光建筑是一个"层的次序"的特殊情况，在于房子尽可能多地吸收热量，与保温系统刚好相反。CAAD（电脑辅助建筑设计）也没谈及，它只是描述和沟通的手段，这个手段是否会在建筑学中有自己的风格和语言产生，还得等着看，至少现在还没预示。

# 究竟应怎么做？

这个问题问得好，也是本书的目的。在最重要的段落一步步读完之后，读者应已建立起了一面"内心的镜子"，具有了对外来的信息衡量和评价的思维。它给予了关于什么重要和不重要，优质和平庸，有价值或无价值的指示，这一功能同样适于别的领域，如功能，也可借助它的帮助装配起来。这些过程有时是无意识的，但有些必须是读者充满意识去做的，如同在不同的选择之间去做出决定。因此，这"镜子"必须保持干净、清晰和精确。

最重要的东西放在最后，就是：通常建筑师和使用者/观察者是不见面的，他们之间唯一的联系便是建筑语言。它的作用像一条轨道，其上可传递尽可能多的东西，不仅是技术的，还有建筑师散发出来的全部情感，如果可能，应当将好感、友好甚至吸引力展示出来。这个过程在心理学上人们称之为"共鸣"，跟着马上又是反馈，这可导致亲密，安静的交流，不需要谈话对象的出现，也能很好理解。其中必须包含大量建筑师所发出的感性活动，然后由观察者领会并反馈给建筑师。这也是为什么CAAD不能成为一个独立设计原则，机器产生不了情感，也不能传递真正的感情，而好的建筑师却能做到这一点。

在我的小册子里，当时我写给我的中国学生的最后几句话，见下文。

　　这本小册子的写作是为了给你们一个必要的文化背景，它将伴随着你们的设计讲座而完成。教会你们从一个"高的层面"去认识建筑，帮助你们一步步去掌握建筑设计。

　　它也会帮助你们将哲学、艺术和技术结合在一起，从中领悟建筑！掌握了这些，你们必会成为专业人士，并能很好地去解答你们的建筑专业问题。

　　而最后，最重要的是你们会找到你们自己。

## 照片来源

没有标明出处的照片，皆为作者收集。

勒·柯布西耶基金会（18，22，34，35，42）

Luigi Snozzi，（25）

GTA Zuerich（34，35）

Ursula Edelmann（38）

画作：《哥德在罗马平原上》（W.Tischbein）为法兰克福市立艺术研究院馆藏品。

Regina Schmeken，南德出版社（36）

Ernst Gieselbrecht（37）

Walter Binder（41）

Aurelio Galfetti（44，45）